让孩子
爱上整理

童潼　著

中国纺织出版社有限公司

内 容 提 要

本书从刷新亲子整理认知开始，为家长和孩子讲述系统的整理方法。从整理理念、具体的亲子整理方法，到亲子整理练习和亲子游戏，再到如何引导孩子完成整理、如何为孩子的整理创造空间条件、如何让孩子学会制订"整理计划"等，旨在让孩子在寓教于乐中学习整理知识，帮助父母通过整理让孩子养成良好的习惯，让孩子受益一生。

图书在版编目（CIP）数据

让孩子爱上整理 / 童潼著 . -- 北京：中国纺织出版社有限公司，2023.6

ISBN 978-7-5229-0408-5

Ⅰ . ①让… Ⅱ . ①童… Ⅲ . ①家庭生活－儿童读物 Ⅳ . ① TS976.3-49

中国国家版本馆 CIP 数据核字（2023）第 041775 号

责任编辑：刘 丹 责任校对：高 涵 责任印制：储志伟

中国纺织出版社有限公司出版发行
地址：北京市朝阳区百子湾东里A407号楼 邮政编码：100124
销售电话：010—67004422 传真：010—87155801
http://www.c-textilep.com
中国纺织出版社天猫旗舰店
官方微博 http://weibo.com/2119887771
北京华联印刷有限公司印刷 各地新华书店经销
2023 年 6 月第 1 版第 1 次印刷
开本：880×1230 1/32 印张：4
字数：73千字 定价：49.80元

感谢你翻开这本书，我是想陪伴你和孩子一起学习整理的整理师童潼。

在我接触的整理案例中，90%都是有孩子的家庭，或是因为孩子的到来让家里变得无法掌控，或是因为家长意识到环境对孩子的重要性而想要做出改变。无论哪种，提到整洁有序的家，家长们都一筹莫展。而在这些家庭里，有拥挤的一居室，也有宽敞的别墅，烦恼却是如出一辙。

自从有了"熊孩子"，家里到处被塞爆

"家里到处都是东西！"这是我在整理指导中，最常听见家长抱怨的。孩子的降临，带来了家庭物品数量的急剧增长。我们希望把一切最好的都给孩子，从吃喝到玩乐，生怕有一样遗漏。随着三胎政策的开放，越来越多的家庭选择再添一员，物品数量更是翻一番。我们的家就这样开始渐渐失控。

让孩子收拾一下房间，怎么喊都不动

面对四处散落的玩具，家长们都希望有一个能干懂事的孩子，但现实是整理之战硝烟不断。"我也希望孩子能自己收拾好，可不管我说什么，他就是不听啊！"我想这样的烦恼你也一定有过，但结果是一边发着牢骚，一边不知不觉又替孩子收拾完了。因此，每天都上演着孩子在前面玩，家长跟在后面收的场景。

前一秒才收拾好，后一秒又恢复原样

指望孩子能整理好的愿望破灭，妈妈们想着自己勤快一点儿也就罢了。埋头捡完了散落一地的积木，摆好了沙发上东倒西歪的玩偶，细心地区分开混杂在一起的手工品。不料转眼之间，玩具已被全盘倒出。妈妈们彻底崩溃，而孩子们对这一切浑然不觉。这样的情景，恐怕每天还会上演很多遍。为了防止"悲剧"重现，很多妈妈干脆选择不整理。

你和孩子是否也正经历着同样的场景，也被这些烦恼所困扰呢？别担心，我用多年的亲子整理指导经验告诉你，这些问题都有办法解决。在本书中，除了富有逻辑与技巧的整理方法，最重要的是让孩子掌握整理背后的思考方式，真正领悟人生的意义。

本书是一本亲子共读的整理书。第一章从刷新认知开始，将亲子整理带到大家眼前；第二章系统地讲述了科学的整理方法，这两章家长可以带着孩子一起阅读，也可以由家长先阅读再教给孩子。第三章是针对前两章内容专门为孩子准备的补充练习，希望通过这种寓教于乐的方式让孩子受到启发。除了科学的整理方法，第四章和第五章还分别为家长阐述了"如何正确引导孩子完成整理"以及"如何为孩子的整理创造空间条件"，从而帮助孩子从小养成整理习惯。第六章我们将跳出有形的物品整理，围绕生活场景展开六个"整理计划"。希望家长能带领孩子在日常生活中将其运用起来，真正实现从"刷新认知"到"掌握方法"，再到"养成习惯"，最终到"建立整理思维"的一步步飞跃。

最后，真心地感谢你购买这本书。不管你是一位为了孩子的整理已经焦头烂额的母亲，还是一位想为家庭出力的父亲，相信你的生活都将会变得轻松自在，而孩子的一生也会因此而发生奇妙的改变。

欢迎你和孩子，共同来到整理与收纳的世界。

童潼

2022 年 12 月

目录

第一章
和孩子共同打造美好之家   001

第二章
手把手跟我做整理　027

第三章
让孩子轻松掌握的整理练习　067

第四章
为孩子创造整理的空间条件　　077

第五章
习惯的养成需要父母这样做　　085

第六章
让孩子受益一生的整理思维　　099

和孩子共同打造美好之家

整理到底是谁的事儿

说起孩子"不会整理，还爱捣乱"这件事儿，我想你一定有满腹的抱怨想要倾诉。但我不得不说，在你焦头烂额的时候，作为儿童空间真正的主人——孩子们很可能一点儿烦恼都没有。他们并不太在意房间是否整洁，也并不关注自己的东西是否杂乱。所以要从"谁更烦恼"这方面来说，一定是家长自己。

在这样的状态下，如果我们始终以整理本身为目的、以整齐与否为整理的标准，可能我们永远都改变不了现状，也无法让孩子真正学会整理。

所以我们首先需要思考：让孩子学习整理，到底是为了让自己更舒服，还是希望孩子掌握这项人生必备技能，从而受益一生呢？如果是前者，自己习得一些方法默默整理就好，不需要对孩子有所要求和期待，烦恼也就"迎刃而解"了；如果是后者，就需要家长和孩子共同努力才可以实现，这就需要我们学习亲子整理。

亲子整理是以孩子的需求为前提，结合对其成长空间的规划，构建其物品的收纳体系，从而达到人、空间和物品三者平衡的行为。并且整个整理行为由家长和孩子共同完成。家长为孩子创造整理的环境，核心是正确引导孩

1.动动手，贴一贴。

·小·朋友，看看下·边哪些物品是一类的，把同类的物品贴到同一层置物架上吧!

置物架

1

2. 小朋友，请给这些图形涂上你自己喜爱的颜色，并把它们作为分类标签，你可以把它们贴在家里分好类的收纳盒上。

3.·小·朋友，请将下面的玩具贴分类，并将同一类的玩具贴贴到收纳箱上，看看你有几种贴法。

3个收纳箱

3

4.下边是一些书桌上的物品，你认为它们应该放到书桌什么位置呢？动动手，贴一贴。

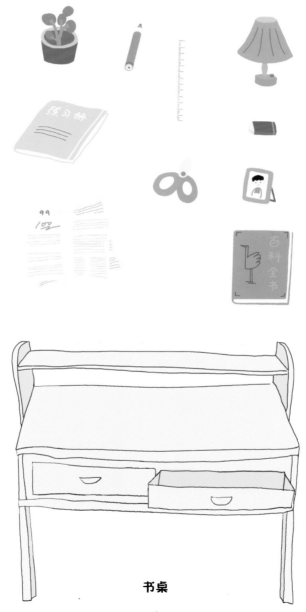

书桌

4

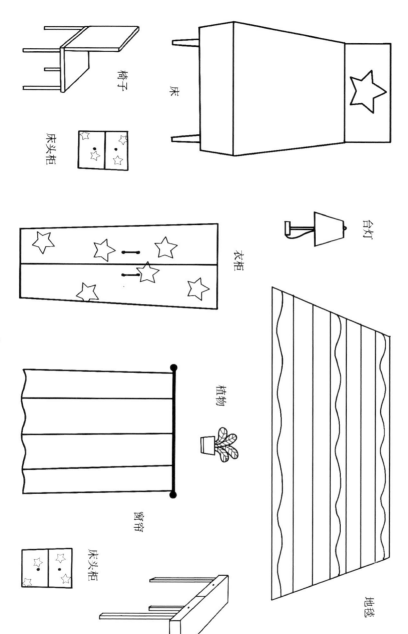

5.小朋友，你想不想有一个自己的秘密基地呢？请你给这些物品涂上自己喜爱的颜色，并且根据自己的喜好去布置你的秘密基地（见贴纸6）吧！

椅子

床

床头柜

台灯

衣柜

植物

窗帘

床头柜

书桌

地毯

5

子；孩子共同参与并养成良好习惯，核心是建立整理思维。

孩子的整理说到底就是习惯的养成，这并不是一蹴而就的。指望他们通过几次学习就能变身整理小达人是不切实际的。我们要做好心理准备，这将是一件具有长期性和持续性的事情。

为孩子打造美好样板

孟母三迁的故事世代流传，我们并非不知道环境的重要性，为了给孩子创造一个好的学习氛围，不惜付出财力买入学区房，而我们往往忽略了孩子每天所处的成长环境。有研究发现，成长环境不仅影响着孩子大脑的发育，还深深影响着孩子早期的心理和性格的形成。那么说起环境，你首先想到了什么？是一个大大的房子还是金碧辉煌的装修？其实孩子真正需要的只是一个以整洁有序为底色的家。

对于幼时的孩子来说，所见即所知，他依靠不断吸收外界的养分形成自己的认知。如果孩子生来就在一个整洁有序的家里，那么他对家的理解便是如此，养成整理习惯自然也变得更容易；如果家里总是杂乱无序，那么孩子便认为这才是家该有的常态。而这种认知甚至无意识地影响他未来的家庭，影响他的下一代。

所以，想让孩子学会整理、爱上整理，我们先要打造出"美好之家"的样板，让孩子深刻感受整洁和有序的生活是什么模样！并且样板的打造需要孩子和家长共同参与。如果我们还像以前一样忍不住动手，只是按照自己的想法和意愿去整理，孩子根本不参与或是处于被动参与的状态，那么"整理好没多久便又恢复原状"这样的事还会继续发生。

你需要一次完整的整理

在孩子很小的时候，我们就会对他说："在哪儿拿的，用完了就要放回哪里去。"简而言之，就是要物归原位、恢复原状。但现实是很多物品并没有固定的位置、收纳状态也不尽如人意。我们不妨先来看看这份家居状态自测表。

家居状态自测表

这些情景在你和孩子的生活中出现过吗？

□ 看着混乱的家无从下手
□ 物品特别多，没有地方放
□ 物品类别杂，不知如何区分
□ 玩具绘本扔得到处都是
□ 很多物品没有明确的位置
□ 物品收好后不方便拿取
□ 不管怎么收拾，看起来都乱
□ 常常找不到要用的物品
□ 不知道自己有而经常重复购买
□ 每天"整理"，每天乱

想要摆脱这样的生活状态，彻底解决整理烦恼，在局部空间内将物品码放整齐的做法是无效的。我们必须先做一次完整的整理，重新规划空间的使用，掌握物品的秩序，建立起孩子也能轻松维持的收纳系统，在此基础上的归位才是行之有效的。整个过程，更是亲子整理的重心，需要以家长为主导，带领孩子共同参与。

只要五步，和混乱彻底说再见

一次完整的整理包含五大步骤

第一步：集中

是什么？

　　我们在日常整理时往往会把物品都藏起来，所以常见的情景是将散落在地上的玩具、桌上的水杯等一眼就能看见的物品通通塞进柜子里"关门大吉"。我们或许得到了一个暂时干净的家，但其实质只是把处于混乱状态下的物品换了一个位置，这样的整理是无效的。

一次彻底的整理需要重新建立物品的秩序，如同重新列队组团，所以即使你现在的物品已经在柜子中，也要将它们全部清出来，同一类的集中在一起，以便我们更好地完成后续的整理。

为什么？

整理之前，同一类物品可能是四处散落的状态。集中之后，我们能够更清晰地看到所拥有物品的数量和形态。每家每户的物品不尽相同，其背后藏着每个人的价值观，只有了解物品的现状，才能更好地了解自己，从而更加顺利地完成整理与收纳。物品清空之后还能让我们看清整个空间，方便我们重新规划，思考把哪些物品放置在什么地方更合适。

集中后，那些压在箱底长期不触碰的物品得以"重见天日"，找不到的物品也能趁这个机会全盘清出。通常在这一步时最常听到妈妈们无奈地对孩子说："原来美术材料在这里，上次因为找不到买了新的。"当然也常听到孩子们惊叹："我居然有这么多笔盒啊！"

怎么做？

当然集中也不是盲目进行的。虽然我们强调，同类物品必须全部清空集中，但对实际操作有一定要求，比如是否有充裕的时间完成整理？是否有足够大的地方摆放所有物品？自己和孩子是否能承受巨大的工作量等。所以，我们可以结合物品数量及实际能力，按照物品类别或是柜子依次进行。

第二步：选择

是什么？

　　选择就是在繁杂的物品当中，选出自己需要的珍惜使用，不需要的勇敢舍弃。纵观所有家庭，每个孩子的物品动辄数千件，因为数量多而不被珍惜，因为数量多而被遗忘在角落。但当我们跟孩子提出舍弃一些时，得到的答案总是惊人的相似："这些我都要，一个都不许扔！"

　　整理并不是由扔掉多少来判定是否成功，所以扔不是目的，而是为了帮助孩子建立自己的取舍标准，形成自己的价值观。其关键还是家长有没有正确且持续地引导，如果总抱着"反正家里放得下就依着他"的想法，孩子的决断力是无法培养起来的。

不得不说，在物质极大丰富的今天，做选择确实不是一件容易的事。先不说孩子，各位妈妈的衣橱里也放着一堆明知道不穿却丢不掉的衣服，爸爸的书房里也藏着一些无法割舍的电子产品吧。所以，这件事就更需要我们重视起来。

为什么？

选择之中有取有舍。取的过程，让孩子懂得把精力放到更为重要的事物上去。只留下孩子感兴趣的物品，孩子才会更加专注；舍的过程，让孩子学会告别，毕竟在成长道路上总会遇到不可避免的分离。放眼我们的一生，正是由无数次选择组合在一起。让孩子从选择身边的物品开始，不断了解自己的喜好，提高自己的决断力。相信孩子今后在面临重大的抉择时，他也能轻松做出决定。

适当地减少物品，也更有利于孩子自行管理。在我的指导案例中，往往孩子一个人的衣橱就要整理3小时以上，更有甚者需要8小时。过量的物品超出了孩子的管理能力，他自然不能独立完成整理。

怎么做？

父母很多时候都会忍不住帮孩子做决定。你是否有过偷偷扔掉孩子心爱的物品，让他难过很久的情况呢？你是否常常在孩子做了决定后，持有不同意见，甚至责怪孩子："这件衣服才穿了两次你就不喜欢了？""这个娃娃买来很贵的，不是挺好看的吗！"

这些行为都是不妥当的，我们倡导家长要充分尊重孩子的意愿。尤其是

6岁以上的孩子，家长只需引导，而孩子才具有最终决定权。在孩子作出决定后，家长可以询问原因并共同探讨，但切忌直接否定。而对于6岁以下的孩子，从他能听懂话开始便可以试着反复地沟通练习。然而，很多家长在几次简单询问而孩子说"什么都要"后便不再引导了，这样也是不对的。

随着孩子的成长，取舍发生变化也是正常的。上次保留的物品说不准这次就想扔了，当然也有很多孩子出现过"刚扔完没过几天又要买"的情况。这些都是孩子认识自己的过程，所以面对这样的情况，家长也不必过多地指责。如果孩子实在喜欢，再买回来也无妨。至于数量选择多少，其实并没有标准答案，重要的参考因素是孩子是否有能力自行管理。

挑选出来准备舍弃的物品，可以根据想为其投入的精力多少而决定如何处理。如果精力充足，可以选择卖二手等方式；如果精力有限，建议将物品打包好直接放置在楼下，一定会被有需要的人拿走，不必再担心其去处。

第三步：分类

是什么？

　　分类就是把选择留下的物品按照一定的逻辑分门别类。我们通过观察不难发现，幼儿教育最初接触的便是分类。看看习题册里的练习，从找到相同的一个或不同的一个开始，再往后便是找出同一类。我们的生活中也时时刻刻触及分类，但真正面对自己的物品时，思路就变得没那么清晰了。

为什么？

　　分类可以帮助孩子更好地认识世界。想要做好分类，就必须找到事物的内在逻辑，需要孩子通过对物品的大小、颜色、形状、材质、功能等方面的辨别而做出区分，所以，分类也是对孩子逻辑能力最好的训练。做好分类能让我们更好地管理物品，就像是给公司的职员划分各个部门，再按照部门去管理，自然变得轻松许多。

怎么做？

　　依据孩子由小到大不同的年龄段，分类应该由易到难、由粗到细。如何分类可以多听听孩子的意见和想法，因为对物品的理解不同，同样的物品会出现多种分类方式。不如将其当作一次练习让孩子发挥自己的想象力，同时家长也说一说自己的想法，或许会有很多有趣的发现，这也是促进亲子关系的一个很好的途径。

分类放置练习

下列物品都是我们生活中必不可少的，你能把它们按照一定类别划分到置物架上吗？可以利用随书附赠的贴纸，动手贴一贴。

分类拓展练习

下列水果可以怎样分类呢？请你和爸爸妈妈各自写一写，比比谁的分类方式更多吧！

芒果　　　　　菠萝　　　　　樱桃　　　　　苹果

山竹　　　　　葡萄　　　　　香蕉　　　　　草莓

第四步：定位

是什么？

我们以往做整理时可能并没有定位的意识，你也可能第一次听说这个概念，从未认真思考过家中什么区域放置什么物品。"不整理还好，一整理反而找不到"的情况屡见不鲜，这都是因为没有做好物品的定位。给选择留下的每一类甚至是每一件物品找到最合适的地方，且位置一旦决定，就不要随意变换，这就是定位。

为什么？

回想孩子的日常生活，常常有这样一些情景：

- ☐ 家里玩具到处都是，好像放在哪儿都可以
- ☐ 学校奖励的文具盒，带回家就随手一摆
- ☐ 前几天刚发的通知单，却怎么都找不到
- ☐ ......

因为没有做好物品的定位，"不知道该放在哪儿"的这一类东西越堆越多，导致家里越来越乱。如果我们为每一类物品都找到合适的地方，再有同类出现时便不会为了放在哪儿而绞尽脑汁，更不会出现找不到的现象，同时也为孩子后续的归位建立了良好的基础。

怎么做？

什么物品应该放在什么地方，锻炼了孩子宏观把控的能力。以孩子的理解去完成的定位，我想再也不会出现"妈妈，我的钢笔在哪里？""爸爸，我的羽毛球拍不见了！"这样的情况吧。那么，到底如何定位才更合理呢？这里有三大定位原则可以参考：

原则一：同类集中

在没有进行彻底地整理前，我们家中很多同类的物品会被分散在多个空间里，不仅难以把控数量，也不利于管理。我们要尽量将同一类物品集中放置在一个地方。这样一来，即使孩子没能记住某支钢笔的准确位置，想着去学习用品那一类的区域去找一定不会错。同理，使用完以后，也能轻松知道应该放回何处。

原则二：就近收纳

定位需要建立在使用起来更方便的基础之上。为了喝水，绕过客厅跑去阳台拿水杯，再回到厨房倒水的事情想想就很荒唐。同理，如果孩子在自己的房间写作业，却要跑去书房拿学习资料，确实有点儿不太合理。所以，物品的收纳位置要设在它的使用区域，这样一来也减少了维持的成本，让归位成为随手就能完成的事。

定位练习

同类物品的集中管理你做得如何？请找一找你家的电池在哪里并写下它们的位置，看看会有几处呢？

......

定位练习

小丽的衣柜里藏着很多宝贝，可是有一些不应该出现在这儿，你能帮她找出来吗？

原则三：高度合适

我曾在育儿论坛里看到过一位妈妈提问："怎样才能让孩子不把玩具翻得到处都是？"其中一条点赞数最高的回复是："把玩具放到孩子够不着的地方。"这样看似解决了问题，实则治标不治本，培养孩子管理好自己物品的能力才是根本。

合适的高度更有利于孩子独立地进行整理收纳，如果物品摆放位置太高，孩子根本没有办法做到自己拿取和归位。所以，物品在定位时请一定以孩子的身高为基准，尽可能放在他伸手可及的地方。同时在他自由拿取物品的过程中，我们还能够洞察他的需求和喜好。

第五步：收纳

定位解决了物品摆放何处的问题，那么收纳就是摆放方式。摆放也并不是单纯的体力劳动，它直接体现了摆放者的归纳能力。不同的物品到底如何摆放，不仅涉及是否美观，还直接决定了整理成果的可持续性。在孩子物品的收纳中，要注意三大原则：

原则一：方便取用

你是不是常常会买一些收纳箱，把玩具或者书籍装箱后再一箱箱叠摆起来，感觉既能装又省空间。但是这样的收纳方式，并没有考虑孩子的拿取成本。想象一下，孩子现在想要拿到下面一箱中的物品，就必须先搬开上面的。对于孩子来说拿取难度增加，就更不要指望他能够在使用后再给放回去了。所以，孩子的物品在收纳时要尽量简单，尤其是年龄比较小的孩子，需要满足他一个动作即能拿取的需求。

原则二：二八原则

物品数量庞大的现状下，让我们不得不关注空间的利用。绞尽脑汁购买各种神器，恨不得榨干每一寸空间。柜子里被塞得严严实实，当孩子想要拿出一件物品时，不仅很吃力还容易全部弄乱；当有新的物品需要收纳时，也只能继续堆叠或者挤压。所以我们要学会适当留白，让物品和空间都能够"呼吸"，收纳做到八分满的状态更为合适。

原则三：统一容器

物品的摆放很多时候需要借助收纳容器才能完成，在容器的选择上就需要注意了。儿童物品一般颜色艳丽且繁杂，所以尽量选择颜色统一、款式统一的容器去摆放。有些物品有自带的包装盒，但也通常是大大小小、形状各异，不管怎么码放看起来都乱糟糟的。所以必要的时候，可以将原包装去除，也换成统一的收纳容器。

收纳容器在颜色的选择上要尽量避免艳丽、有花色图案的，推荐选择存在感比较低的颜色。如果还是希望孩子的空间多一些色彩，可以试一试色彩饱和度较低的颜色，比如粉红、淡蓝、鹅黄等，来替代大红大绿。

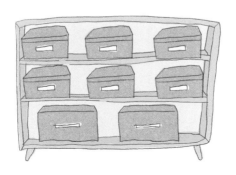

让整理成果得以保持

至此一次完整的整理已经全部完成，"美好之家"的样板已经建立。从现在起要做的便是好好保持整理成果，将接力棒转交给孩子了。这里还要再一次提醒，让孩子可以轻松归位的前提是，物品必须完成系统化的整理，有固定的位置且方便孩子使用。

为了更好地引导孩子完成归位，可以多尝试采用轻松而有趣的方式。比如孩子年龄尚小时，可以试着说："请你做警察保护玩具回家吧！"比起无力的"收拾好"三个字，我想孩子一定会更愿意配合。在孩子需要帮助时，也绝不要袖手旁观。家长可以参与其中，用比赛等形式来鼓励孩子一同完成。

经常有人问我，整理师的家是不是时刻保持着样板间般的整洁？答案是否定的，只要物品被使用过，必然会"乱"，这就是生活的痕迹。但因为收纳系统已经建立，我们知道散落的物品应该放在何处，所以每天只要集中用10分钟时间让物品各归各位，家里便可以恢复原状、焕然一新。

当然除了归位以外，要做到有效的维持，还需要注意以下几点：

①贴标签。利用标签来管理物品不失为一个节省脑力消耗的办法。不必看着每个柜子做"我猜我猜我猜猜猜"的游戏，也不必记住每一个物品的摆

放位置。标签的作用更是一个告知，即使妈妈不在家，孩子也能找到所需要的物品，妈妈也会更轻松。

标签的设置要根据孩子的年龄，幼龄段可以使用图形标识，或者直接打印照片的方式，大一点的孩子可以使用文字标签。除此以外，让孩子自己动手制作标签或许会让他们更愿意参与。

制作分类标签

小小的标签，帮助可是非常大的。请给这些图形涂上你自己喜爱的颜色，让它们成为你独一无二的分类标签吧。也可以利用随书附赠的贴纸，动手贴一贴。

②控制入口。整理收纳的直接对象就是物品。我们生活在物质极为丰富的时代，一方面物品的获取渠道变得更多且更方便，另一方面人们生活水平日益提高，购买力直线上升。物品一多，自然没有地方放置，此时我们就会不停地在家中增添各种家具和收纳工具。结果本是人居住的房子却在无形中变成了物品在跟自己争抢地盘。所以懂得控制入口，才能保持平衡的状态。

相信此时你对于家中的物品已经有了全面了解，自然也会发现以往消费行为所存在的问题。对于年龄尚小的孩子来说，不妨试一试延迟满足；而对于学龄段的孩子来说，应该避免重复购买，让孩子懂得分清需求和欲望。控制好物品数量，也更有利于孩子维持整理成果。

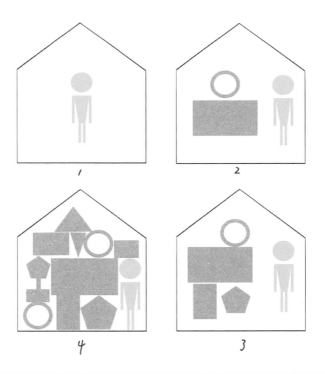

③升级优化。整理并不是一成不变的。在每天的使用中，我们或许会发现物品有更加合适的收纳方式，又或许生活场景发生了变化，原来的方案已经不能满足当下的使用需求。这时需要进行一些调整，这就是优化。

另外，还可以优化家中的收纳工具，增添带来幸福感的小物件。比如给衣服更换统一的衣架，将暂时用来收纳的纸盒换成更为美观、统一的收纳盒，或是替换掉一个不太好用的塑料玩具架。整理应该是不断提升标准并完善的过程。

④家庭公约。想要整理成果得以长久保持，一个人的努力肯定是不够的，需要全家人的共同参与。合理地制定家庭公约，不仅有利于家庭的和谐发展，也更利于培养孩子的规则意识，懂得有所为而有所不为。

- □ 各自及时带离公共区域的私人物品
- □ 每周日下午定为家庭打扫日
- □ 自己的物品自己管理
- □ ……

全家人一同遵守公约的感觉一定特别棒！既然是公约，需要得到所有家庭成员的一致认同才可以，所以试着和家人一起制订一个公约吧。

家庭公约示范表：

×× 之家的家庭公约				
共同约定	1. 2. 3. 4. 5.			
家务分工	爸爸	妈妈	大宝	小宝
完成情况				
奖励				
惩罚				
自评				
他评				

第二章

手把手跟我做整理

我们已经掌握了完整的整理步骤，所有物品都可以按照上述的通用方法去整理。此时，你或许又有了一个新的疑问：面对这么多物品，到底该从何下手呢？

我们不妨按照孩子在家中的三大场景来进行整理，即娱乐区—学习区—生活区。具体的前后顺序可以根据孩子与物品之间的密切度来决定。比如幼儿，可以从娱乐区开始，学龄段的孩子则可以优先整理学习区。我挑选了孩子最常见的物品种类，来具体说说需要注意的事项，让我们一起来整理吧！

娱乐区——玩具

玩具是孩子认识世界的工具，也是孩子成长中不可或缺的物品。孩子们玩得很开心，但家长们收拾起来很头疼。总结玩具的整理有几个现状：

- ☐ 玩具数量庞大，种类繁多，且源源不断地购买
- ☐ 玩具自带包装，家中聚集了五颜六色、形状不一的玩具盒，堆放在一起十分杂乱
- ☐ 为了方便而采用大的收纳箱集中收纳，多箱叠加。孩子要么永远不碰，要么为了找一件玩具而整箱倒出
- ☐ 使用过的玩具散落家中四处，归位成难题

玩具总动员

爸爸妈妈除了日常会购买，还有生日、儿童节日、纪念日，都是孩子们接受礼物的好机会。除此以外，他们还会收到来自爷爷奶奶、外公外婆各方爱的礼物。玩具久而久之越来越多，但因为它们通常是分散在家中多处的，所以我们可能并没有意识到。一旦全部集中，才发现数量还是相当可观的。

这个过程可以让孩子一起动手参与。原则上是要将家中所有的玩具都清出来集中，当然如果玩具数量特别庞大，可以分批进行。根据自己的时间、体能、孩子的配合程度等因素决定一次清出多少。不过建议整理工作还是一次性尽快完成比较好，时间拖得越久，精力的消耗也将越大。

玩具的选择有方法

这可能会是一个漫长的过程，一方面需要孩子一件一件确认，另一方面他很可能在选择的过程中分心。我们要把控好进度，以免最后因为时间来不及而匆忙结束。

针对不同年龄段，方法略有不同：

0～3岁，家长可以根据自己的观察判断来帮孩子做决定。

3岁以上，家长应该有意识地引导，同孩子商量。

6岁以上，尽量让孩子自己决定，家长不可擅自丢弃。

在选择中，如果你不停地询问孩子"这个你还要不要"，多半情况下孩子的回答会是"全都要"。所以，我们可以尝试给出更为明确且客观的引导，让孩子自己来做判断。比如：

"你看这个飞机的机翼断掉了。"

"这个汽车已经不能开动了。"

……

比起简单粗暴的"要或不要"，后者会让孩子更容易做出选择。当然决断力是一个不断提升的过程，孩子在起初做不出选择也很正常，家长不能就此放弃，如此的选择训练可以反复进行。你会发现，孩子的世界其实很简单，没有太多的纠结和情感的捆绑，反倒是家长常常因为舍不得或觉得可惜而造成了最大的阻碍。

玩具的选择可以按照由易到难的阶段进行

第一阶段：筛选出已经破损及不适合年龄段的玩具

第二阶段：筛选出品质低，不常玩的玩具

第三阶段：筛选出孩子不喜欢的玩具

选择的时候，我们可以借助几个不同的袋子以作区分

丢弃：破损、劣质，危险性

转送：低于年龄段，孩子不常玩

暂存：高于年龄段，同类别过多

有些家长可能会困扰，孩子现在说不喜欢不要的，很可能过段时间又吵着要了。针对这种现象，一方面，我们要反思取舍时是依据孩子的主观意愿还是因为孩子受到了家长的干扰；另一方面，如果真的发生过类似情况，可以给这些判断不准的玩具设立一个等待箱，放置在别处。一两个月的时间孩子都没有再提起，那便可以选择处理。

分类听听孩子怎么说

分类方式多种多样，如拼搭类、玩偶类、益智类等，当然也可以按照玩具的材质分类：金属类、木质类、塑料类。大多时候，我们的分类循规蹈矩，而孩子可能并不是这样想的。依据个人理解的不同，拼搭类本身也是益智类玩具，只要有自己的逻辑，就没有对错。所以在做玩具分类时，可以多听听孩子的理解。

在玩具分类中要注意的是：

①如果孩子年龄还小，分类要避免太过细致。孩子之所以整理不好玩具，原因之一就是分类能力不足。过于细致不仅增添了不必要的整理负担，也增加了后续归位的难度。随着年龄增长，分类可以根据孩子的能力及喜好越来越细致。

②分类的程度可以根据玩具实际数量决定。以交通类玩具为例，如果数量并不多，我们做到二级分类即可，所有都放在一起；如果数量多到一个收纳盒放不下，那我们在收纳时就需要继续拆分，可以变为汽车类、飞机类、工程车类分别放置在三个收纳盒内。

③给孩子一点儿自由想象的空间。孩子的玩具千形百态，有一些我们可能也不知道应该归属于哪一类。针对这样的玩具，我们可以和孩子一起为它们设立一个分组并起一个新名字。

为了帮助家长和孩子更好地分类，以下玩具分类建议供参考：

一级分类：玩具类	
二级分类	三级分类
益智类	棋 / 拼图 / 魔方 / 迷宫……
动手类	珠串 / 折纸 / 沙画 / 切切乐……
工具类	沙滩道具 / 仿真工具……
拼搭类	积木 / 雪花片 / 磁力片……
交通类	汽车 / 飞机 / 工程车 / 火车……
玩偶类	毛绒玩具 / 手办 / 机器人 / 仿真动物……
角色扮演	面具 / 服饰 / 道具……
装饰类	贴纸 / 摆件 / 宝石……
……	

给心爱的伙伴们找个家

根据孩子的日常活动空间，来决定将娱乐区设置在哪里。到底是客厅还是儿童房，要根据实际条件，判断周边是否有充足且安全的空间供孩子玩耍。

不知道你是不是也面临着这样的问题，玩具放置在儿童房，但因为空间比较狭窄，加上你也希望孩子可以在自己的视线范围内，结果孩子还是得把玩具搬到客厅玩。这样一来，一方面，造成了玩具的分散，不利于管理；另一方面，增加了孩子在使用过玩具以后的归位成本。这种情况，我们还不如直接将娱乐区设定在客厅更佳。当然，这个定位的过程也是可以和孩子共同商定的。

玩具这样放，孩子更愿意自己收

决定了整体摆放区域后，就要结合现有玩具和空间的情况，考虑具体如何收纳了。玩具的收纳方式有很多种，可以根据孩子年龄的变化而进行调整：

6岁以下的孩子，尽量选择展示型收纳，利用无盖的盒、篮等分类放置，拿取和摆放一个动作完成为最佳，且每个盒内不要存放过多的玩具，一方面保证孩子可以整盒移动，另一方面即使玩的时候全部倒出，收拾起来也会相对轻松，孩子可以独立应对。

6岁以上的孩子，其玩具数量呈递减状态，且孩子的行为能力更强，改为隐藏收纳也没有问题。并且这个阶段的孩子重心渐渐由娱乐转至学习，隐藏收纳能更好地避免注意力分散。

不管哪个年龄段，都要避免箱子叠放的收纳方式，孩子没有办法自行拿取，归位也困难。如果想充分利用垂直空间，则建议使用收纳抽屉、置物架等分层收纳。

娱乐区收纳工具建议

当确定了家中娱乐区的位置后，我们就需要确定用什么来收纳物品了。正确的思考需要围绕人、物品、空间三个维度展开：孩子有什么使用需求？玩具数量有多少，分别是什么形态？空间的可用尺寸是多少？以这些为前提去匹配工具才是合理的。

娱乐区基本是孩子的空间中色彩最强烈的地方，原配的包装盒通常大小形状不一、色彩繁杂，即使摆放整齐，可能看起来依旧很凌乱。所以收纳工具应该尽量简单，不能再乱上加乱。中国家庭的收纳神器塑料袋在玩具收纳中特别常见，摆放玩具后不成形，也看不见里面是什么，一般还会将袋口扎起来，孩子无法独立拿取，建议不要使用。

塑料收纳盒

在整理的过程中，玩具已经被分成各种类别。如果直接摆放又会混成一团，所以想要做好物品区分就必须使用收纳盒。一般在实际使用中，我们倾向于敞口无盖的款式，会更方便孩子使用。

多层玩具架

多层玩具架利用了垂直空间，让铺满地面的玩具拔地而起。再配上若干个敞开式收纳盒，不仅能做好分类还能让孩子轻松拿取。选择色彩单一的款式，会看起来更整洁。比起木质的收纳柜，它的添置对空间要求更低。但这一类玩具架往往因为用料单薄，在长时间使用或是物品太多重量较大时可能会出现变形等情况。

玩具抽屉柜

玩具抽屉柜的属性和多层玩具架是一样的，同样做到了利用垂直空间和分类这两点。区别在于，抽屉式的设计具有更好的隐藏性，与多层玩具架收纳后完全暴露在视线中相比，看起来立马整洁了不少。抽屉柜更适合年龄段稍大一点的孩子使用。

布艺收纳篓

孩子常常有一些尺寸较大或是造型特殊的玩具，比如洋娃娃、玩具枪等，常规尺寸的玩具柜、收纳盒都装不了，最简单的方式就是用一个尺寸较大的布艺收纳篓，同类集中收纳在一起就好。我们需要依据被收纳的物品决定用什么尺寸和形态的收纳容器。

分装袋

孩子的玩具除了大件的，小玩意儿也不少。有的甚至黄豆一般大小，直接丢进玩具盒瞬间就不见了，孩子要玩的时候就只能整盒倒出，结果就又回到了因为太多而不想收纳的情景。还有些成套的玩具，少一样就不能正常使用了。针对这些比较零散的玩具，分装袋就能帮上大忙了。给孩子使用应优先选择透明可见的拉链款。

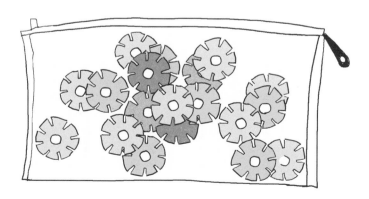

维持

至此，玩具的整理已经全部结束。对于自己的劳动成果，孩子会更愿意维持。为了帮助孩子在使用后能够更顺利地归位，别忘了贴上标签。

规矩也是需要立好的，比如孩子难免会忘记或者偷懒，如果妈妈提醒后，孩子还是没有收好玩具，便没收玩具或减少游戏时间以示惩罚。如果孩子能够做到及时归位，也不要吝惜我们的赞扬，使孩子逐渐明白整理玩具是自己的义务，培养孩子的责任意识。

控制玩具的入口也很重要。家长苦恼于玩具多，却从来没有想过都是自己不加控制买入的结果。购买行为背后，其实有着密不可分的心理原因。因为工作的繁忙，对于孩子的陪伴或多或少有些缺失，只有通过满足其欲望的形式去弥补，购买行为实质是补偿。所以，我们不如减少玩具店的进入次数，多陪伴孩子。带着孩子去大自然探索，也是不错的选择。毕竟让孩子感兴趣的，不仅仅只有玩具。

在以后的购买中也应该更加谨慎，若将丢弃的玩具又照样买回，那便失去了整理的意义。家长应该在购买时就严格把关，危险或劣质的玩具坚决不买，多选择有益于孩子成长的玩具，而不是无条件满足孩子的要求。

危险玩具的特点：尖角、缝隙、长线、可吞咽、噪音、强光……

劣质玩具的特点：毛边、掉色、异味、掉毛……

学习区——书籍

　　随着孩子的成长，书籍类成递增状态。从幼时的绘本到学龄段的教科书、课外读物等。总结书籍的整理现状有以下几点：

- ☐ 书籍不及时做更新，不适龄的仍保留
- ☐ 书籍不做明确分类，多种用途的混杂在一起
- ☐ 书籍的收纳无规划，收纳空间与数量不匹配
- ☐ 书柜放置过满，孩子拿取十分困难且不方便归位

清空集中需量力而行

我曾经帮助过一个三年级的孩子进行书籍整理。她的书籍放置在家中三处空间：客厅两组书柜、书房整面墙书柜以及儿童房 2 米长的矮柜里，数量多达上千本。针对这样书籍特别多的情况，全部清空显然是不切实际的。这里需要先在头脑里将书籍分类，比如是否阅读，是否适龄，然后按区域分批次整理。如果数量在可控范围内，同样也是建议最好一次性整理完毕。

比起取舍不如控量

6 岁以下的孩子，一般对绘本类比较感兴趣，他们通常还会有反复翻阅的喜好，且这一阶段多由父母读给孩子听，所以并不是一定要孩子做取舍，除非数量确实较多，超出家中的收纳条件。这一阶段主要还是控制好总量，选择的问题可以弱化。家长多观察孩子的兴趣方向，在后续的购买中稍加注意即可。

对于 6 岁以上学龄段孩子来说，这一部分并不全是依据自己的喜好能够做选择的，再不爱读的教辅书恐怕还是要暂时保留为妙。那么书籍的选择重点便转移到了有无破损及适不适应孩子的年龄段。

选择出来准备处理的书，可以采取捐赠、卖二手、交换等形式解决，直接丢弃目前对于大部分人来说，还是比较难做到的。

书籍分类可以多角度

每个人都会有自己的理解和喜好，所以书籍的分类我们可以从不同角度去进行。比如有的按照书脊颜色分类，有的按照书名首字母排序、还有的按照作者区分等。我们就说说比较常见的按书籍性质分类的方式。

幼龄段孩子的书籍，可以分为：绘本类 / 手工类 / 早教类……

如果数量不是太多且能够一目了然，则不一定要特地去做分类，如果家长希望更加细致化或者本身书籍数量较多的，为了更好地管理，则可以参考以上分类方式。

学龄段孩子的书籍，首先按照校内及校外作区分。校内书籍如教科书、教辅书等分成一类，校外书籍我们可以按照其性质再分为：哲学 / 文学 / 科学 / 军事 / 语言 / 历史 / 地理 / 工具……在此基础上，再根据孩子的实际情况，将书籍按照是否阅读，是否有兴趣，是否适龄这样的分类标准进行分类。

书籍分类不仅是为了能够更系统化地管理物品，还是对孩子知识系统的一次有效梳理。

找到孩子的阅读地

根据就近收纳的原则，我们需要找到书籍对应的使用空间。

校内的书籍每天都要用，一般放置在书桌上即可。如果数量多，可以在书柜上单独使用一层或一格分开收纳。低年级的书籍一般不经常翻阅，但又不方便直接丢弃，所以在书柜空间有限的情况下，可以单独找家中其他区域收纳。

　　如果给孩子用来收纳书籍的空间只有一个书柜，建议顶部或底部可以摆放高于现阶段或已经阅读过但还有可能翻阅的书籍，最方便拿取的区域放置他最感兴趣或者使用频率较高的书籍。

　　如果书籍数量较多且家中有多个地方收纳，则需要观察孩子的阅读习惯。在最常阅读的区域放置现阶段待读书籍，比如儿童房；已阅读过或高阶段的书籍则可以放置在书房、储物间等区域。

合理收纳促成主动阅读

我发现一个现状，有幼龄段孩子的家庭很少为孩子设置独立的书架及明确的阅读区域，一般书籍散落在各处，或者成箱收纳，再不然就放置在家长的书柜中，孩子并不能自主拿取，处于被动阅读的状态。我们想培养孩子自主阅读的好习惯，一定要考虑孩子的行为能力，从创造一个适宜的阅读环境开始。

针对幼龄段孩子，我们可以选择购入开放式书架，一方面可以利用书架控制书籍数量，另一方面封面朝外的收纳方式，吸引孩子阅读，放置在随手就能拿到的位置，从而培养孩子的阅读习惯。对于学龄段的孩子，就需要及时添加书柜了。一方面这个阶段的孩子书籍不断增多，书柜有更为充足的空间方便放置，另一方面孩子已经能够自行拿取想阅读的书，不必家长费心。

这时需要我们注意的就是书籍收纳方法了：

①书柜摆放要注意二八原则，只放八成满。当有新的书籍进入时可以轻松收纳，阅读完以后孩子也可以轻松地放回来。孩子书籍乱丢乱放很大的原因就在于归位困难。

②如果你家的书柜比较深，书籍应尽量靠外口摆放。按照习惯我们会把书推至最里面收纳，这样一来前面还有空间，随手就会把一个杯子，一瓶墨水，或是一个不知道该摆放何处的物件堆放上去。久而久之杂物越堆越多，不仅看起来很杂乱，书籍拿取也变得很麻烦。

维持

在书籍的维持中，一方面是我们说的归位问题。给书柜贴上标签、区分好类别，注意收纳方式，这些都为我们的归位降低了成本，提供了方便。

另一方面便是理性购买。很多家庭的书籍购买量远远超出了孩子的阅读能力。以学龄段的孩子来说，每天能够坚持读课外书半小时已是很好的习惯了，以此阅读量计算最快一周两三本，一个月不过十本，况且还有很多书是会反复阅读的。而书籍的购买通常都是成批的，成套系的书现在又比较多，一套下来十几本很常见。

过量的购买，多半源于家长对孩子的焦虑情绪，但过多的书籍堆积在家里反而会降低孩子的阅读兴趣，给孩子造成心理负担。除了少部分有明确收藏目的的，大部分书籍的价值在于阅读并吸收知识。所以我们可以试一试交换、借阅这样的形式，减少不必要的购买。

学习区——文具

文具是孩子在学习中必不可少的。为了应对各种使用需求，文具的类别十分繁杂。商家为了迎合孩子的喜好，更是设计出琳琅满目的款式，单是中性笔一个品类就能找出好多样式，孩子们看了非常喜欢便忍不住想要。虽说各式的文具给孩子的学习生活带来了不少乐趣，但与此同时，整理起来也让人头痛，总结文具整理现状有如下几点：

- □ 数量庞大，感觉无从下手
- □ 难以分类，混杂在一起
- □ 较为零碎，分散在家中多个空间
- □ 体型各异，大大小小难以收纳

集中是为了高效地管理

大多时候文具的单价并不高，并且因为其体积较小，家长往往会无意识地过量购买。再加上亲友赠送、免费礼品，数量十分多。在孩子有零花钱以后，他们也会买很多喜欢的文具。家中随处都能见到它们的身影，但因为分散在多处，我们根本意识不到数量有多少。所以，我们需要全部集中做一次大盘点。

适度方才懂得珍惜

在我过往的亲子整理指导中，我常常被孩子们的文具数量震惊：刚刚初中毕业的孩子仅中性笔类放在一起竟有数百支，大多是孩子用零花钱自己购买的。还有一个三年级的孩子，光同品牌同型号的钢笔就有二三十支，对此，我好奇地询问了数量缘由，妈妈说因为孩子总是将笔弄坏，所以特地备了很多。如果你也有类似烦恼，我们不妨大胆设想两个场景：

第一，告诉孩子你尽管用，没有了妈妈会给你买。

第二，告诉孩子如果损坏，自己需要通过一些努力才可以获得新的。

两者的结果，大家多半都能猜到。正是因为获取容易，所以不懂得珍惜，这一点适用于所有物品。我们并不是要在物质上苛待孩子，而是通过一定的节制让孩子懂得爱物惜物的道理。

过多的文具还会造成孩子精力分散。如果只有一支笔，直接拿起来就写；如果有十支可以选择，怕是还得先想想用哪支才好。家有学龄段孩子的，也应该有被老师要求过"文具盒的款式要尽量简单"吧，便也是相同的道理。

文具的舍弃主要是针对已经破损的。即使数量再多，让家长们把完好的文具丢弃，也确实不忍，更违背了惜物的道理。所以还是先减少买入，把现有的用完才好。破损的直接舍弃，不适龄的文具可以选择及时赠送他人。减少了选择，孩子才能更高效、专注地学习。

分类有序，再多也不怕

走进一家文具店，如果所有物品混杂在一起，我们想要迅速地找到需要的文具恐怕不是易事；只有有序地分类陈列，我们才能精准地找到。对待自己的物品也是如此。如果分类上有困难，可以带孩子去文具店时多留心观察。以下是我们给出的分类参考：

一级分类：文具类	
二级分类	三级分类
书写用品	铅笔 / 钢笔 / 圆珠笔 / 中性笔 / 白板笔 / 粉笔 / 荧光笔……
绘画工具	水彩 / 蜡笔 / 颜料 / 颜料盒 / 调色板 / 画板 / 毛笔……
纸张本册	作业本 / 笔记本 / 便签本 / 练字纸 / 卡纸……
辅助用品	尺 / 橡皮 / 圆规 / 剪刀 / 订书机 / 别针 / 胶水……
收纳工具	文件夹 / 文件袋 / 文件盒 / 笔盒 / 笔袋 / 笔筒 / 书包……
电子产品	磁带 /CD（机）/ 收音机……

在用和囤货需分开

文具的定位我们要考虑孩子的使用情况及具体空间情况。常见的收纳空间有书桌和书柜两处。如果书桌周边有足够的空间，尽量将文具集中收纳在此处。如果空间有限又或是文具数量实在庞大，我们可以将备用文具放置在书柜中或家中其他存储区收纳，书桌附近只摆放一些正在使用的文具即可。

巧用容器辅助收纳

实际收纳中，需要考虑文具的具体形态和使用频率。体积较大的文具可以直接放置在书桌或者书柜中，但如果是体积小较为零碎的，就需要借助容器来集中收纳。利用容器做好分类并标注，不仅方便我们日常查找和管理，视觉上也更整洁。

学习区收纳工具推荐

收纳工具的挑选和使用，需要考虑装什么、放在哪儿。所以当物品的类别、数量不同，空间不同时，需要的收纳容器也就不同。为了避免为此投入过多的时间精力，工具的挑选我们主张尽量简单化。以下是学习区常用收纳用品的推荐。

透明收纳盒

在书籍收纳中，大部分书直接摆放就好，但有一些成套的绘本，很薄而不能竖立，直接摆放在书柜中不仅容易乱且翻找起来不方便，这时可以使用透明的收纳盒集中收纳。除了绘本，不太整齐的笔记本、识字卡片、文件资料等都可以用它收纳。

塑料抽屉柜（高／矮）

书桌周围的收纳空间不够时，可以增加一个多层且可移动的抽屉柜。塑料的材质配上轮子非常轻巧，它可以瞬间帮你解决零零碎碎的收纳问题。抽屉的高度可以按照所需要收纳的物品和空间情况来选择。矮款最适合放尺寸较小的文具等；手工、美术相关的体积较大的用品，用高款的就可以完成收纳。

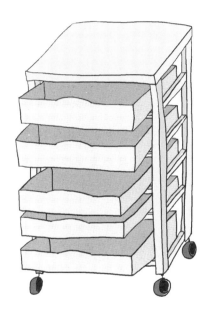

文件袋

最普通的款式却能解决大问题。半透明文件袋不仅耐用还能装，拉链款会更方便孩子使用。除了常规用作文件的收纳工具，还能用来收纳文具甚至是玩具。很多时候越是复杂的工具，在使用上越是烦琐，所以推荐更为简单的款式。

分隔盒

　　抽屉这样的空间虽然不大，但如果所有物品都直接堆放进去，依旧看起来乱成一团。想要更加清晰有序，可以使用抽屉分隔盒，独立的款式自由组合最为推荐。除了特意购买，多留意家里旧的包装盒，比如手机盒、零食盒等，你就会瞬间得到一些好用的分隔盒了。

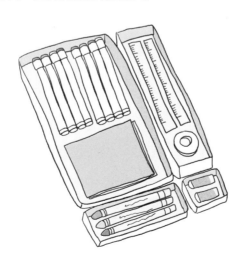

纸箱

长时间不使用的存储类物品比如荣誉证书、纪念品等可以集中在一起，用尺寸匹配的纸箱收纳。当然你也可以选择塑料收纳箱，但是纸箱与收纳箱相比具有更轻便、更省空间的优势，并且在书柜这个空间中，纸箱从材质上来说也更为契合。

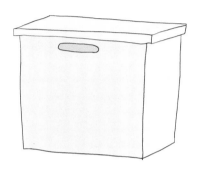

维持

如果所有文具都控制使用的量，维持的问题可能也就没有了。维持工作更多的时候是针对备用文具而做的。所以除了给文具定好位、贴好标签之外，控制数量便是最简单的维持方法。

文具的整理不要求做强制舍弃，但一定要控制后续的购买量。文具的购买通常有几个原因——孩子喜欢、使用时找不到、打折促销、拼单购买等。经过彻底的整理，通常我们能够看到所拥有的文具总量，找不到的情况基本不会发生。其次，给现有文具的使用周期做一个预估，在此期间尽量不再购入同类别的，做到理性消费。

如果孩子有确实特别喜欢的怎么办？买回来也无妨，我们并非要压制孩子的喜好，但是可以通过奖励的方式满足孩子，也可以和孩子达成共识，将现有不太喜欢的再进行适当地精简。物品的购买十分便利，只要孩子需要，放学路上便能立马买到，我们实在没有必要把家当成仓库。

生活区——衣物

在中国家庭，一般孩子买什么衣服穿什么衣服都由家长代为决定。孩子不太有自己的意见和想法，可以理解为孩子与衣服的密切度较低，所以不太重视此类物品的整理。

但是衣物的整理不仅可以解决混乱无序的问题，还可以培养孩子的审美能力，不容忽视。对于衣物，是习惯性按照色系排列，还是随手丢进衣橱，这些细节都足以体现一个人的审美。孩子的衣橱整理有以下几个常见问题：

- ☐ 没有充足且独立的收纳空间
- ☐ 衣橱格局不合理，不知如何利用
- ☐ 衣物不分类别、杂乱无序
- ☐ 整理成果不能维持

陪伴我们长大的衣服

按照整理流程，我们要将所有衣物清出来并集中在一起。在上门指导中，妈妈们总能从家中各处搜集出数包没有放在一起的衣物。只有全部集中在一起，我们才能全面地看到具体的数量和种类。

衣物整理同玩具整理一样，有些家庭衣物数量十分庞大，如果妈妈和孩子没有足够的准备，可以选择分区清空。否则，全部清出来，收不回去就麻烦了。但是分区清空势必带来反复整理，这次清出的衣物哪怕已经收纳好，最后还是需要全部调整，更加耗费精力。所以，为了避免整理的反复性，尽量能够抽出时间一次性完成。

合理选购做到物尽其用

孩子衣物的取舍相对较容易。因为尺寸的原因，没有办法将就。孩子的成长相当快，衣物的淘汰基本上以一年为周期，所以孩子的衣服并不需要太多。吊牌都还没取下、衣服已经嫌小的情景恐怕在很多家庭都出现过吧。物品的价值在于使用，在寿命期内，用得越多其价值发挥越大。所以与其扔的时候心痛，不如在选购时更加理性，让每件物品都能物尽其用，等到需要丢弃的那天，便也不再觉得可惜，说声感谢便可以放下。

衣物的选择上，我们往往觉得孩子小什么都不懂便自己做主了。但如果你家的孩子可以做到有效沟通，我们就可以试着询问他的看法。这是与孩子沟通的好机会，在这个过程中可以知道孩子是否穿着舒适，以及孩子的穿衣喜好等。

准备舍弃的衣物提前考虑好处理方式。如果想要送人，需要先明确对方是否需要，切不可只凭自己的意愿，中国自古有云："己所不欲，勿施于人。"直接放在楼下也是一个不错的选择，但要注意将每件衣服清洗干净、叠放整齐，需要的人自会拿走，让物品再次被使用，发挥其价值。

分门别类才能有条不紊

衣物的分类维度很多。按照季节可以分出春夏秋冬，家里两个孩子共用一个衣柜的，还需要区分出衣物主人以方便分区收纳。另外，还有最基础的按照衣物属性来区分：

一级分类：衣物类	
二级分类	三级分类
外套类	棉服 / 羽绒服 / 皮草 / 针织衫 / 大衣 / 西装 / 运动服 / 坎肩 / 风衣
上装类	衬衫 / 针织衫 / 毛衣 /T 恤 / 雪纺上衣 / 卫衣
下装类	休闲裤 / 西裤 / 运动裤 / 牛仔裤 / 半身裙
连体类	套装 / 连衣裙 / 连体裤 / 背带裤
贴身类	吊带 / 内裤 / 袜子 / 棉毛衫（裤）/ 背心 / 家居服
功能类	泳衣 / 泳帽 / 防晒服 / 舞蹈服 / 礼服 / 演出服 / 练功服 / 校服 / 红领巾

定位要注意孩子的身高

衣物的定位基本都固定在衣橱内，在收纳之前我们需要先考虑好衣橱到底该如何使用。我们不妨来看看衣橱的基础分区。一个常见的衣橱包括黄金区、白银区和青铜区。

人自然站立在衣柜前，手臂上举、指尖触碰的位置到手臂自然下垂、指尖触碰的位置，就是黄金区；衣橱底部为白银区，蹲下就能拿到物品；衣橱顶部为青铜区，位置过高很难拿取，需要使用梯子等工具。所以，对应衣柜分区的使用为：

黄金区　　　　悬挂 —— 当季衣物，使用频率高。

白银区　　　　折叠 —— 当季衣物，使用频率高。

青铜区　　　　存储 —— 非当季衣物，使用频率低。

要注意的是，衣橱的分区是根据使用者身高来划分的，所以在亲子整理中，我们要注意降低收纳高度，以方便孩子自己拿取和摆放。

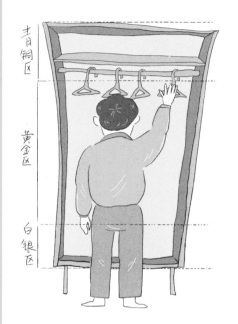

降低收纳难度

0 ～ 3 岁的孩子，多与父母共用衣橱或者用抽屉柜收纳衣物，衣物尺寸较小，采用折叠收纳最适合也最省空间。这一阶段还不必要求孩子一定做到自行收纳。而随着孩子长大，衣物增多，拥有了独立衣橱，为了培养他自主收纳的习惯，我们要充分使用悬挂空间，从而降低孩子的收纳难度，让他们自己做到将干净的衣物归位。很多家长不愿意悬挂，担心收纳空间不足，我们不妨把解决思路转移到数量问题上。

优先使用悬挂区，能挂的都挂起来，尽量减少折叠。条件允许的还可以将层板拆除来增加悬挂空间。如果悬挂区有限，则按照顺序优先悬挂外套类和裙装类，剩余的视空间情况再做决定。折叠的衣服需要格外注意，我们习惯采用一件摞一件的方式摆放，结果拿取下面的，上面的就翻乱了，这是造成衣橱需要反复整理的重要因素。在衣橱格局不改动的情况下，同样是折叠收纳，采用立式折叠法，能够很好地避免杂乱的发生。

扫码看视频，跟着童潼老师学叠衣

生活区收纳工具推荐

　　如果你正准备为孩子购买一个成品衣柜，首先尺寸上不建议过大，并且选择以悬挂为主的格局。过多的层板在使用时以叠放为主，增加了很多工作量，也不方便孩子自己去管理。如果你家是已经定制好的顶天立地大衣柜，那就把靠下半部分的空间给孩子使用吧。

衣架

　　儿童衣架的挑选需要注意两点，节省空间和尺寸合适。如果你现在使用的儿童衣架比较厚又或者是成人的款式，那还是重新挑选一批吧，选择更为轻薄的儿童款。另外，衣架作为一个小细节常常被家长忽略，导致同一个衣橱内混杂着好几种，更换成统一的衣架，一方面可以使整理效果更显著，另一方面小小的改变也可以为生活增添不少品质感。

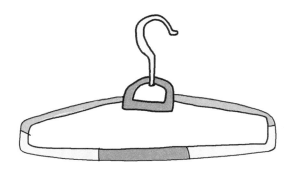

裤架

因为孩子的衣物更主张悬挂收纳，所以有条件的建议将裤装也尽量挂起来。双夹式裤架在实际使用中比较常见，在同一空间，一款裤架就能解决长裤、短裤，包括半裙的悬挂。由于孩子的衣服尺寸较小，所以，裤架在选择时需要注意两个夹子之间的最短距离。

百纳箱

为了更好地利用衣橱空间，我们一般会在顶部的青铜区收纳非当季的衣物。但如果一件件摆放，不仅视觉上不美观，拿取也非常不方便，还要考虑防尘的问题。所以我们需要使用布艺百纳箱集中收纳，跟塑料箱相比百纳箱具有轻薄、透气、可折叠等优点。

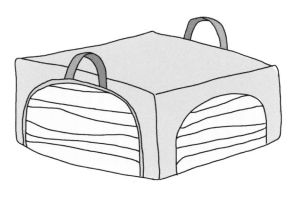

布艺收纳筐

虽然使用竖立折叠法可以让衣物独自立住，但如果不是放在抽屉里而是直接放在层板上，拿取时或多或少有些不方便，这时候你可以选择用布艺收纳筐做固定收纳。布艺收纳筐建议选择内部没有分隔的款式。装好衣服后将其直接放置在层板上就可以了。

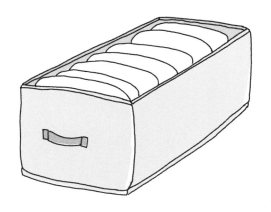

收纳抽屉

由于柜子尺寸较高而孩子的衣服没那么长，在悬挂区下面就会形成很大的一块空间。如果一件件堆放，在拿取之后就会乱成一团；如果不使用这块空间，又确实很浪费。这样的情况可以使用收纳抽屉多层叠放，配合竖立折叠法完成收纳。这样不仅让空间得到充分利用，拿取也变得更方便。

维持

按照上述方法完成整理后，日常只需要按照现有的状态归位即可，学龄段的孩子基本可以独立完成。因为大部分衣物采用了悬挂收纳的方式，孩子将干净的衣物直接挂进衣橱就行，十分方便。少量折叠的衣服，孩子也能应对自如，如果实在有困难，家长可以帮忙。

第三章

让孩子轻松掌握的整理练习

整理闯关大作战

学习了这么多整理收纳的方法，孩子到底有没有掌握呢？让他们在闯关大作战中一显身手吧！

练习一：整理步骤我知道

你还记得一次完整的整理需要经历哪些步骤吗？请按顺序进行编号吧！

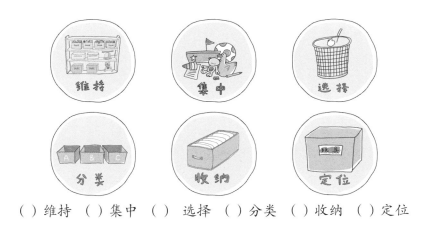

（　）维持　（　）集中　（　）选择　（　）分类　（　）收纳　（　）定位

练习二：我是玩具快递员

小力的玩具实在太多了，你愿意成为玩具快递员，帮小力一起送这些玩具回家吗？

请将上面这些玩具分分类，并写出你的分类方式。你也可以利用随书附赠的贴纸，动手贴一贴。

方式一（　　　　　）（　　　　　）（　　　　　）

方式二（　　　　　）（　　　　　）（　　　　　）

……

练习三：我能整理好书包

小力的书包总是乱糟糟的，你能帮帮他吗？

清出来

分分类

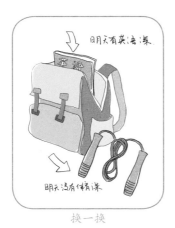

明天有英语课

明天没有体育课

换一换

收进去

Round1：请按照整理顺序编号

（　）分分类：按照一定的逻辑将第二天要带的物品分类。

（　）清出来：养成每天清空书包的习惯，方便及时查漏补缺。

（　）收进去：按照一定的顺序将物品依次放回书包收纳好。

（　）换一换：扔掉垃圾，挑出第二天不用的物品，放入要使用的物品。

Round2：给书包里的这些物品分分类，并试着为每个分类起个名字

①语文书　②纸巾　③练习册　④试卷　⑤跳绳　⑥直尺　⑦英语书

⑧水杯　⑨铅笔　⑩毽子

分类一（　　）分类二（　　）分类三（　　）分类四（　　）分类五（　　）

练习一参考答案：⑥①②③⑤④

练习三参考答案：（②①④③）（Round1）

练习三参考答案：（分类一至分类五）：①⑦　②⑧　③④　⑤⑩ ⑥⑨（Round2）

练习四：我的书桌我做主

　　书桌是每天陪伴我们阅读和学习的地方，下边这些物品，你认为它们适合放在书桌什么位置呢？说一说这样放的理由。你也可以利用随书赠送的贴纸动手贴一贴。

练习五：袜子兄弟连连看

　　袜子这对双胞胎真是很调皮，常常东一只西一只，有时稍不留神还会少一只。你能把它们管理好吗?

　　1——请把你所有的袜子兄弟都集中到一起吧。原来它们高高矮矮、胖胖瘦瘦的。你看，它们还是五颜六色的呢。

　　2——你平时最喜欢穿哪双，为什么呢? 你最喜欢的图形是哪个? 你最喜欢的颜色呢? 试着把你喜欢的都挑出来，把相同的两只连在一起吧。

　　3——袜子兄弟可不太乖，扭扭捏捏缩成一条。把我们的小手伸进去，让它变成我们穿的时候的样子吧。这时你会得到两只胖胖直直的袜子，把它们重合到一起。

　　4——从袜口往下翻，看! 神奇的事发生了，我们得到了一个神奇口袋。将剩下来的袜尖部分全部塞进这个小口袋里，这样一来袜子兄弟再也不会东一只西一只了。

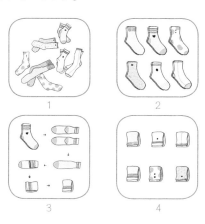

练习六：我的秘密基地

    假设你有一个秘密基地，下面这些物品你会怎样摆放呢？请给这些物品涂上你喜欢的颜色，并根据自己的喜好想象怎么去放置它们吧！可以利用随书赠送的贴纸，动手贴一贴。

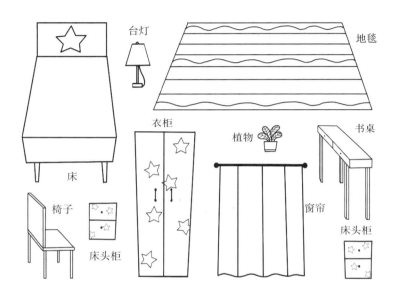

整理收纳能力对照表

    整理与收纳并不是单纯的体力劳动，想要做好不仅需要手脑的配合，更需要意志的支持。多项研究表明，参与家务劳作的孩子往往更优秀。当然，对不同年龄段的孩子，有不同的要求，下面的整理收纳能力对照表大家可以作为参考，具体还需以孩子的实际能力为准。

	幼儿园	1～2 年级
娱乐	能把玩具放回玩具箱 能将成套玩具集中收纳 能挑选出破损的玩具	能按照一定逻辑给玩具做分类 能清晰地了解玩具数量 能挑选出不常玩的玩具
学习	能在作画以后收好画笔及工具 能将自己的作品放在固定的地方 能把看完的绘本放回书架	能在完成作业后将桌面清空 能每天整理好自己的书包 能准备好第二天要带的用具
生活	能将衣物扣上纽扣、拉好拉链 能将袜子和内裤折叠好 能将脱下来的鞋子放进鞋柜	能将脱下来的衣服放入洗衣机 能在饭后将碗筷放入水池 能独立叠被子、整理床铺
	3～4 年级	5～6 年级
娱乐	能独立整理自己的玩具柜 能挑出自己不喜欢的玩具 能有计划地参与玩具的购买	能独立规划布置自己的娱乐区 能清楚自己的爱好及兴趣 能合理安排自己的娱乐时间
学习	能独立整理自己的书柜 能独立整理自己的书桌 能合理选购所需要的文具	能制订自己的读书计划 能合理选购所需要的书籍 能妥善处理使用过的书籍、簿本
生活	能准备好第二天要穿的衣物 能把干净的衣物叠好、挂好 能清洗自己的贴身衣物	能有计划地参与衣物的购买 能独立整理自己的衣柜、完成换季 能独立整理自己的出行物品

第四章

为孩子创造整理的空间条件

很多家庭由于在装修时没有提前考虑到孩子的使用需求，入住以后就出现了诸多烦恼。比如玩具太多，但没有可以集中收纳的地方；或者柜体的设置与所要收纳的物品不匹配，衣服少书籍多，结果衣柜空了很多地方，书柜不够用，许多书只能堆放在外面；或者内部格局不合理、空间利用率较低，孩子使用起来也不方便等。所以，除了需要掌握科学的整理方法，空间问题也需要重视起来。

中国家庭儿童空间的变化

想让孩子能够自己整理，就需要为他创造一个良好的空间条件。我们不妨先来看看中国家庭较为常见的儿童空间分配情况，大致总结有以下几个阶段：

0～3岁（婴儿）

大部分家庭在孩子0～3岁时并不会准备独立房间，一方面家中老人因带孩子需同住，并不一定有房间可以分配；另一方面孩子尚小，需要寸步不离地照顾。即使准备儿童房，此时也大多当作储物间使用，且以储存大人的物品为主。孩子基本都与父母或老人同睡，活动区域多为卧室和客厅。这一阶段，孩子基本与父母共用衣橱或是家里临时增加几个箱子摆放孩子的物品，玩具分散在家中各处，多借助大号的收纳箱等完成收纳。零星的一些绘本堆放在床头、飘窗、沙发或暂时混放在大人的书柜中。此时孩子对于物品的收纳体系尚未建立，家中没有真正意义上为孩子准备的收纳区。

3 ～ 6 岁（幼儿）

孩子在 3 ～ 6 岁会进入幼儿园，这时父母开始有意识地腾出独立房间，但出于舍不得或孩子还无法独立等原因，从有意识到具体实施通常还会经历很长一段时间。这一时期的孩子依旧大多与父母同睡。

随着孩子的使用需求变多，物品也逐渐增加，家中的场景更为丰富。这时儿童房一般添置一套小型的儿童桌椅，几个玩具架、绘本架等。即使没有独立房间，家长也会在客厅等区域划分出相对独立的空间给孩子。

6 ～ 10 岁（儿童）

这一时期孩子的物品种类结构发生改变，出现更多的收纳需求，简易的玩具架、绘本架已经不能满足。为了迎接孩子步入小学，家中陆续添置书桌、书柜等，这时儿童房正式成型，而且这一设置基本会陪伴孩子到大学以后。很多家庭开始尝试分房，当然根据孩子成长的差异性，仍然有不少孩子与父母同睡。

10 岁以后

10 岁是孩子成长时期的一个转折点。不管是孩子还是大人，都更愿意借助 10 岁生日 party 的仪式感，彻底完成分房。此后，孩子的隐私意识逐渐增强。除了现有的基础布局外，孩子们开始有自己的想法和要求。

虽然不同年龄段有不同的空间分配情况，但我们不难发现其始终围绕着独立性和成长性而展开。所以儿童空间在做基础规划时要注意三点：地盘划分、满足需求、量身定制。

地盘划分，给孩子一个独立成长的空间

很多父母纠结于要不要为孩子准备独立房间，答案是肯定的。即使迫于现实情况，有些家庭并不具备设置独立房间的条件，也至少要给孩子一块独立的区域。独立空间更有助于培养孩子的独立性。

我们知道动物是具有领地意识的。在一块区域长期生活，便认为此处就是它的领地，不允许其他生物来侵犯，一副"我的地盘我做主"的姿态，人类亦是如此。让孩子做空间的主人，在一个自己能够完全掌控的空间里，他们会感到更加安全和舒适，也会更愿意为之去努力。

但有一种现象很普遍：孩子的区域是有的，但是被父母大量的物品所侵占。东西多、空间小是很多家庭所面临的现状。在装修时为了保证收纳空间的充裕，能打上柜子的地方一处都不放过。正式入住后，物品也基本是无序摆放，从未想过所需要收纳的物品与空间及人之间的关系。家中的杂物因为放不下而侵占孩子空间的情况比比皆是。孩子不愿意整理多源于此。

保持个人独立空间，彼此相对自由，亲密无间而又互不干扰。在心理学上，我们称为界限感。越亲近的人往往越需要界限感，而这种界限感不光指空间上的，也包括不被侵犯的自主权。父母想要掌控孩子的一切，正是缺乏界限感的表现。

而对孩子自己来说，也同样需要培养界限感的意识。自己的物品数量是否超过收纳体的承载量？自己的物品有没有占用别人的空间？这些都是界限感的体现。所以家有二孩的你，也请记得为两个孩子划分出各自的地盘，做到界限分明，互不干扰。

满足需求，才是空间规划之根本

友人新家装修请我帮忙做空间规划，我们相谈甚欢，唯独对儿童房方案，友人面露难色。这是一个两室一厅的三口之家，孩子上幼儿园中班。结合其房屋实际情况（此方案无共通性），推荐儿童房使用下部悬空式高床，下层空间则可以配备衣柜等收纳体用于存放物品；抑或是摆放孩子的玩具，打造一个玩耍的空间。可是方案被婉拒了，理由是："孩子长大了怎么办？"

我知道有很多家长和我的友人一样，在设计时不曾仔细思考孩子的实际需求。即使清楚是给孩子准备的房间，也忽略了成长这件事而倾向于一次到位的方案，就这样儿童房成了主卧的复刻。但是孩子在成长中需要进行学习、娱乐、阅读、休息等一系列行为，且不同年龄段的侧重点有一定的差异性。这就需要我们为之准备对应的空间及相关设施设备，而不是脱离实际需求去考虑"这面墙可以做个大柜子""这里应该有两个床头柜"。

友人后来便采用了大部分卧室的标配方案，选一面墙做一个顶天立地的定制衣柜，床放在正中间，一边一个床头柜。本就不大的房间只剩下三条过道，连走路都难，更不用说照顾孩子的个性化需求了。

所以，儿童房的布局上不妨试着打破常规，比如儿童床尽可能靠一边墙摆放，使空间不被分割。再如，多采用灵活可变动的设计，减少固定性的配备，使其能随着孩子的成长而调整。只有符合孩子实际需求的空间布局才是最棒的，不妨问问孩子的想法，带着他们一起调整一下房间吧。

量身定制，才能让孩子做事更得心应手

我们发现孩子在幼儿园时，一个个都是小能手。帮着老师收拾好玩具、摆放好桌椅，忙得不亦乐乎，回到家好像就失去了兴趣，什么都不想动，这到底是为什么呢？

仔细对比你就会发现，幼儿园的设施配备都以孩子为标准，而纵观我们家中，有多少真正属于孩子的家具呢？我们不妨蹲下身或是干脆坐下，以孩子的视角环视整个家，你会看到巨大无比够也够不着的书柜，费劲才能攀爬上去的沙发，还有无数的桌腿凳腿立在眼前。简直就是一个巨人国呀！这种情况下，我们还要求孩子打理好一切，岂不是强人所难？

儿童房基础设施的配备如衣橱，悬挂区高达两米，名曰"孩子的衣橱"，孩子却根本没有办法自己使用。家长往往只抱着有地方不能浪费的想法，柜子越大越好，可以收纳更多的物品，但这个需求说到底还是家长自己的，最终家中的物品便会不自觉地进入孩子的房间。这又回到了我们之前说的空间

侵占的问题。

　　所以，儿童空间的设施配备要注意是否与孩子的使用能力相匹配，当然我们不可能像换衣服一样的频率去更换家具，所以成长型家具是首选，比如可以调整座位高低的椅子，再如随着摆放方式改变，高度随之变化的方格柜，随着孩子的成长而调整格局，以适应变化的需求。或许我们并不能面面俱到，但应该凭借智慧尽可能为孩子的使用提供方便，而不是熟视无睹，最终造成对孩子心理需求的极大忽视。

第五章

习惯的养成需要父母这样做

本着"不能让孩子输在起跑线上"的想法，从孩子几个月大开始，各式早教铺路，进入幼儿园、小学，五花八门的课外辅导课铺天盖地，少上一门家长都万分焦虑。我们可曾想过，真正的起跑线到底在哪里？

古语云："养不教，父之过。"父母是孩子的第一任老师，家庭才是孩子的第一所学校，在这所学校里孩子最需要学习的便是培养良好的生活习惯及自理能力。不少家长在家里什么都不让孩子做，却报名夏令营、冬令营，说是为了锻炼孩子的独立性。我们往往把希望和责任都寄托在学校和辅导机构的身上，却忽略了作为父母应该担负的引导责任。我们并非教育专家，说不出什么权威的教育方法，但至少我们可以引导孩子如何去好好生活。

亲子整理，请从现在开始

中国有一句古语："三岁看大，七岁看老。"三岁前的孩子处于大脑急速发育的时期，如果父母在这一时期有意识地引导孩子，那么很大程度决定了他一生的习惯和性格。所以，孩子整理意识的培养在一岁半即可开始，三岁左右才是黄金期。

- 著名幼儿教育家蒙台梭利的早期教育法中
- 也曾提到：
-
- 2 ～ 3 岁是孩子建立时间和空间感的关键期
- 2.5 ～ 3.5 岁是培养孩子规则意识的关键期
- 3 岁是培养孩子动手能力以及独立生活能力的关键期

房间里的家具如何摆放，物品如何收纳，便是与空间的关联；使用完的物品放回到原位，这便是规则意识的体现。这些都可以通过整理收纳来进行有效地培养。一个能整理好自己物品的孩子，反映出的更是他的思维方式和自律性，而这些对于孩子来说才是最重要的。

但因为在认识上具有片面性，我们在对待孩子整理的问题上也并未太过重视。"孩子还小，长大就好了"这样的观念麻痹着我们。我身边遇到的、有意识去培养孩子整理收纳习惯的家长，其孩子都已经在 10 岁左右的年龄了。当然只要开始总是好的，越往后花费的努力越多，所以请从现在起正确地引导孩子吧。从整理好自己的物品开始，打理好自己的人生。

适当放手，孩子远比你想象中能干

孩子很小的时候，看我们做家务，他们总是很好奇地想来帮忙；我们拎着大包的东西，他们涨红了小脸也逞能要拿。但通常情况下，我们会嫌孩子捣乱或是动作太慢而制止。

培养孩子自强自立的道理无人不知，但是我们内心难免有点不舍和动摇，无意识地替孩子完成了所有。"孩子还小，没必要做这些。""只要好好学习就行，其余什么都不用管。"

这样的声音时常出现，尤其是三代同堂的家庭，还会因为教育观念的不同而产生分歧。

过度的关爱让孩子甚至丧失了基本的生存能力，衣来伸手饭来张口的画面在中国家庭中时有发生。我们事事包办、亲力亲为，当孩子成年后才发现自己除了学习什么都不会，大学还要父母陪同去铺床的不在少数，也因此造就了母爱泛滥的产物——"巨婴"。

孩子真如家长以为的什么都做不好吗？答案是否定的。在我的育儿理念里有一条首要原则就是做一个"懒"妈妈。我的"懒"使得孩子非常能干。亲子整理的关键点不是家长代替孩子的整理行为，而是让孩子参与进来，学习并自己完成整理。

父母不应该剥夺孩子最本能的生活权利，要把生活交还给孩子。在这个过程中，孩子才能磨炼自己，体谅他人之不易；让孩子从独立饮食起居到整理自己的物品，打理自己的生活，形成独立自强的品格，这恐怕才是生存第一要素。

我们能做的，是为孩子的独立尽可能提供方便。够不到的水池前准备一个小凳子；餐桌上时刻准备好一壶温水，足矣。生活是自己的，没有人可以代替。

指令明确，孩子才能真正动起来

我听到过很多来自家长的哭诉：何尝不希望孩子能自己整理好房间，可他就是不听。我们可能除了抱怨也并没有问过孩子原因是什么吧。我在与不少孩子的沟通中发现，他们的理由是不会做。

我们不妨回想一下，当你希望孩子收拾房间时，你是怎样做的呢？最常听见的就是："快把玩具收起来！""把房间赶紧整理一下啊！"不要说对孩子，恐怕我们自己都解释不清到底什么是收拾，怎样做才叫整理吧。孩子完全不知道该怎么做，就算做了家长也并不满意，因为他们是按照自己的方式和想法整理的。所以我们在埋怨孩子的时候，不如想想我们到底有没有告诉过孩子我们的目标是什么？有没有教过他如何去做？

想要孩子能够动手，必须明确地告诉孩子该如何做，并且表达方式要随着孩子的成长而有所变化。对于一岁多刚刚能听懂话的幼儿来说，要明确地告诉孩子将物品放置于何处，比如，"把小熊放在沙发上好不好？"两周岁的孩子通常开始学着辨认颜色，这时可以对孩子说："请把这辆小汽车放在蓝色的盒子里吧！"而3岁的孩子逐渐有了空间感，这时指令可以变为"请将小汽车收在左边第二个筐里"。

必要时，家长可以直接示范，在这个过程中，一方面可以培养孩子的认知能力，另一方面明确的指令，孩子才能明白家长口中"整理"的含义。当然前提是此时你已经完成了一次完整的整理，为孩子创造了良好的归位条件。相信再加上你的正确引导，孩子一定可以越做越好。

学会沟通，或许能够事半功倍

我们在与孩子的沟通中，常常用命令式口吻去表达，甚至带有威胁的意思，比如，"赶紧把玩具收拾好，不然我就全扔了！"除了发泄自己的情绪，对于孩子来说一点作用都没有。

①命令即代表言出必行，并非不能有命令，而是一旦下达，就必须做到。

难道孩子不收我们真的会全扔掉吗？既然做不到，如此威胁式的沟通反而让孩子知道命令是可以不遵守的。再者，就算真扔了，这样的方法就能解决问题，让孩子立马学会整理养成习惯了吗？答案是否定的。所以在与孩子的沟通中，还是少下达命令为好。

这个原则同样适用于立规矩。很多父母都苦恼，在出门前说好不买玩具，结果上街看到了，不买便哭闹不止、绝不罢休。这便是因为规矩从第一次设立开始便被自己的妥协打破了。孩子很聪明，有了一次，以后便也不会再听了。所以既然要立规矩，那便和孩子一起好好遵守吧。

②引导式的表达，是在尊重和理解的基础上，与孩子进行有效沟通。

蹲下身与孩子平视，以朋友的身份去沟通，不必树立自己的权威性，我想孩子也会更愿意配合。如果孩子不愿意整理，我们首先应该放下情绪来询问孩子原因。要注意的是,沟通的核心目的并不是让孩子听从自己,而是尊重孩子表达自己意愿的权利,了解孩子的情绪和想法。

当了解到孩子遇到困难无法开始时,我们不妨试着说:"妈妈来帮你一起收拾玩具好不好?"比起站在远处两手叉腰怒吼,不如参与进来。利用有趣的方式带领孩子一起边玩边整理,让孩子觉得整理并不是一件困难而又枯燥的事情。整个过程,也是促进亲子关系的好途径。

以身作则,不要当"熊爸妈"

在我们抱怨孩子生活习惯不好,东西到处乱放的时候,我们不妨先想想:自己做得如何?

当我走进客户家中,一览客厅的状况,儿童房的状况基本上便也能猜个一二。如果整个家庭环境整洁有序,那么孩子的房间也一定不会太差;如果杂物随意堆砌,那么孩子的房间也一定是惨不忍睹。

孩子是家长的影子,家长的一言一行影响着孩子的行为与成长,而这种影响并不容易被察觉,等到发现时可能已成定局。以身作则的道理我们都懂,但真正实施起来便没有那么容易了。

作为一个成年人,袜子脱下随处乱放,文件资料堆满书桌,如何去要求你的孩子收好玩过的玩具，整理乱七八糟的书桌呢？在我们指责孩子不懂得收拾的同时，不如先审视自己。整理好自己的物品，给孩子看到自己认真生活的样子，孩子也一定会成为一个热爱生活、热爱自己家庭的人。

我很庆幸，在孩子两岁的时候，我接触了整理并踏上了学习之路，给孩子树立了好的榜样。他从收纳好自己的物品开始，慢慢到分担家里的整理工作。每周一次的超市采购，回来后他会抢着把物品归位。水果放在餐边柜上的篮子里，零食点心放在餐边柜的抽屉里，牛奶放进冰箱。第一次见到时，我很是惊喜，因为这一切并不是源于我的要求，我也从来没有做过刻意的教学。细细想来，我每次到家便是这样去做，他耳濡目染罢了，可见家长的影响有多重要。当然这一切的前提是物品有固定的位置，如果家长自己都说不清该放在哪儿，孩子就更不知道了。

家里的物品归位他还不过瘾，每次去超市，他一定要"多管闲事"地将散落在卖场的购物车推回原位，我拎着满手的东西着急回家，虽有些哭笑不得，但也绝不会阻止。听到超市的阿姨表扬他，他便一次比一次更起劲了。

奖罚有度，让孩子明辨是非

我们都说孩子不愿意整理，不配合整理。我们只要求孩子做，却没有告诉过他为何要做。人是具有目标性的，当目标和回报明确时或许更加能调动孩子的积极性。打造美好之家样板的意义也正在于此，通过实际的整理让孩子感受到：

"好好使用玩具，玩过送它们回家，玩具才能长久地和你做好朋友"。

"把书按类别摆放整齐，下次使用时便可以迅速找到需要的那一本"。

"将杂物从书桌上清走，才能更加专注地学习"……

同时我们还要明确地告诉孩子，什么是不对的。整理收纳的习惯培养和其他行为习惯是一样的，如果孩子在随地丢弃垃圾的时候，我们没有告诉他这是不对的，他便会一直这样丢弃，整理也是如此。当孩子出现随手乱放，用完不归位等情景时，我们应该第一时间指正，才能引导孩子养成正确的行为习惯。

　　在孩子完成以后，别忘了多一些赞扬和鼓励。在表达上注意要真实真切，更加细化。让孩子知道自己是可以做到的，整理也是一件有乐趣的事情。当然，做不到时适度的小惩罚也还是有必要的，具体惩罚的规则可以邀请孩子一同设立。家中有两个孩子的要特别注意，只论述客观事实，不应该将两个孩子的行为做简单的横向对比和评价。

允许混乱，防止过度教育

在我家，孩子的玩具区有一块地垫，我曾和他约定，只要玩具超过了地垫的范围，便代表我可以自主决定如何处理。这一招很管用，只要我提醒他该整理房间了，地上一定干干净净。过了一段时间，我发现他有些偷懒，玩具玩过不放回原位，书看完也扔在地垫上。正当我要批评他时，孩子傲娇地对我说："妈妈，我没有超过地垫哦！"我仔细一看忍不住笑了，不管他的东西有多乱，哪怕就刚刚好挤在地垫边上，也确实没有越界。

仔细想想，他确实没有违背约定，所有的不爽都来自我个人的感受。这种情况下，我们是不能依靠情绪化教育的。如果此时选择将孩子训斥一番，或许会让孩子对整理产生抵触情绪，不仅不能改变现状，还让自己陷入自责与后悔中。我们需要做的是先学会接纳孩子的感受。

作为一个成年人，我们也不一定能做到保持高度的整理热情，让家里时刻整洁，更何况孩子呢？我家孩子就是一个典型。从技术层面说，他已经完全掌握了整理方法；从空间环境说，我已经为他创造了好的条件。但有些时候他就只是想"偷个懒"。

所以有些时候，我们不妨降低期望值，循序渐进，反而能让孩子有成功的体验。有时要求过高，甚至超出孩子能达到的度，反而得不偿失。毕竟让孩子学会整理，并不是为了培养一个会整理的机器。在合理范围内允许混乱，或许会有意想不到的收获。

孩子各成长阶段中的培养要点

其实每一个孩子生来就自带秩序感，有秩序的环境会让孩子感到更舒适。日常生活中，我们不难发现即使是刚会走路的孩子，看到垃圾桶倒下也会去扶起来，这便是试图恢复其原有的秩序。这样的行为绝不是偶然，但这往往被家长所忽视，最后采取制止、替代等方式阻断了孩子的行为。久而久之，孩子的秩序感渐渐被打破了。

所以，我们不妨从一开始就帮助孩子守护他的内在秩序，比打破再重新建立会更轻松。针对不同年龄段的孩子，整理习惯的培养具有一定的差异性：

0～3岁：示范为主，持续培养意识

这一阶段的孩子处于模仿敏感期，自我概念初步形成。我们可以通过生活中的小事来培养孩子的整理意识，从力所能及的事做起：画完画，引导孩子将笔帽套好；刷完牙，让孩子自己将牙膏和牙刷放入漱口杯；哪怕是吃过点心，将包装扔进垃圾箱，这些都是整理。

3～6岁：引导为主，加强反复练习

这一阶段的孩子，身体及手部控制能力进一步提升，可以让他们参与到玩具、绘本等物品的整理中来。家长以引导为主，孩子动手参与，根据孩子的能力分配具体任务，并且在整理过程中开始让孩子尝试做取舍，慢慢建立自己的原则。

6～12岁：尊重为主，挖掘自主性

这一时期的孩子，自我意识逐渐增强。所以，在这个阶段应该充分尊重孩子的意愿，让孩子多思考、多分享。他们最基本的整理能力已经具备，需要注重的是建立整理的自主性和积极性，在物品的取舍上享有决定权，家长尽量做到尊重与倾听。

第六章

让孩子受益一生的整理思维

用生活中的小事培养孩子的整理思维

亲子整理的最终目的，我想没有什么比"帮助孩子建立起整理思维，管理好自己的人生"来得更重要了。那么到底什么是整理思维呢？它是将所遇到的事物，进行集取舍、区分、整合、安排为一体的系统化处理的能力。整理思维的养成，可以用在方方面面，不妨利用日常生活中的小事，带领孩子一起做做训练。

穿衣计划

每个着急起床上学的早晨，你会不会站在衣柜前思考："我今天到底穿什么好？"拿出牛仔裤套上，突然想起来今天有体育课，穿牛仔裤去又要被批评了；好不容易找出来一件运动裤，好像是坏了，妈妈说要拿去补的。纠结半天选了一身穿好出了门，发现有点儿冷，又返回家里拿了件外套。就这样着急忙慌险些迟到，还被妈妈批评了一通，一天的好心情可能都没了。为此，我们可以在前一天睡前花几分钟时间，挑选好第二天要穿的衣服。那你能说一说吗？除了按照自己的喜好去选择以外，还有什么选择的标准吗？

给父母的话：让孩子学会做选择，是对决断力的大大提升。看似简单的挑选衣物，我们要考虑的因素一点儿也不少。比如使用场景，周一升旗要记得穿校服，有体育课需要穿舒适的鞋子；再如天气情况，学会对温度的把控，合理增减衣物等。

从穿衣服开始我们高效轻松的一天吧。

明日穿衣清单

天气情况	
上 装	
下 装	
配 饰	
鞋 子	
选择因素	(例：舒服、天气……)
临时事项	(例：升旗仪式穿校服……)
备 注	

上学计划

小力是一个"马大哈"，经常丢三落四。到了学校发现不是水杯没带、就是忘了带画笔，只好让妈妈再跑一趟给送来。你有没有出现过类似情况呢？上学带好自己的物品，是自己应该做到的事情哦。我们应该养成习惯，在前一天就把需要带去学校的物品整理好。如果你怕有遗漏，我们试着来做一个"上学计划表"吧，列一个每日必带物品清单，或是直接画出来也可以。

忘了今天有书法课

给父母的话：孩子的自我管理意识是需要渐渐形成的。如果孩子去了学校发现东西没带，一开始可以帮助孩子送去。但如果这样的事情经常发生，就不建议继续了。一方面，孩子渐渐产生"即使我不带也没有关系，妈妈会送来"的想法，从而有了依赖；另一方面，有些物品孩子可以通过向同学或者老师借用的方式获得，让孩子学会在学校自己处理和解决事情是一个不错的选择。

明日上学必备物品清单

学科必备	科目	课本	作业	工具
	语文	✓	✓	
	数学	✓		(例:圆规……)
	英语	✓	✓	

常规文具	(例:直尺、钢笔……)
生活用品	(例:水杯、餐具……)
临时事项	(例:回执单……)
备 注	

出行计划

　　终于盼来了假期，可以出发去向往已久的海边了。我想这时的你，心思早已飘到了海边。可是什么都不准备，真的可以出发了吗？哦，原来每次出去都是爸爸妈妈在做所有的准备。既然是全家出行，我猜你也一定想出一份力吧。

不妨做一份"出行计划表"，根据出行的地方、当地天气、出行周期等信息，挑选出自己想要携带的行李。另外，还可以帮助爸爸妈妈查漏补缺。如果你愿意，还可以参与行程的制订。按照自己的想法出行，真是一件很酷的事情呢。

　　给父母的话：不知道你平时喜欢说走就走的旅行还是要经过缜密地计划呢？对于孩子来说，学会做计划绝对是一件有利无害的事情。当然，出行计划确实不是一件容易的事。这里面涉及出行物品的选择，时间的统筹，金钱的管理。正因如此，更值得孩子参与。我们可以让孩子从选择出行物品开始，循序渐进，培养孩子做事的细致性和条理性。

出行物品清单

出行时间		
出行路线		
出行方式		
天气情况		
携带物品清单	证件	
	电子产品	
	衣物	
	日用品	
	其他	
备注		

采购计划

　　最开心的事就是和爸爸妈妈一起逛超市了，你是不是也这样想呢？那里有五颜六色的各式糖果，还有香甜可口的冰激凌，当然还会有心爱的玩具……但是，一不留神就买了好多好多回家，美食多到来不及吃就坏了，还有一些玩具和家里现有的一模一样，真是十分可惜和浪费呀。"采购计划表"出场啦，出发前和爸爸妈妈一起设定一个采购资金额度，想一想哪些东西是必须购买的，哪些是不必要的。在超市时根据计划表采购，买一样就划掉一样，这样一来相信我们就不会造成那么多的浪费啦。

　　给父母的话：采购计划表不仅可以帮助我们避免遗漏需要的物品，更能帮助我们理性购物，让孩子懂得节制；让孩子对照清单，根据物品的分类找到对应的区域，合理安排购买的先后顺序；通过对商品价格的关注，还可以让孩子学到很多数学知识，从小树立正确的金钱意识和理财观念。

超市采购清单

	名称	数量	预估金额	实际支出
共用物品				
个人物品				
合计				
采购期				
复盘	必要支出			
	可要可不要			
	根本需要			

睡前计划

忙忙碌碌的一天就这样过去了，转眼就到了要睡觉的时候。别着急，我们做点不一样的事儿，花一点时间和爸爸妈妈分享一下：

"今天有什么特别让你开心的事？"

"今天有什么让你感觉不开心的事？"

"今天有什么是你做得特别棒的事？"

"今天有什么是可以做得更好的事？"

"今天有什么是你不知道该怎么办的事？"

除了说给爸爸妈妈听，必要的时候，我们还可以试着去做一些书面的记录哦。养成每日复盘的习惯，一定会让你发现，原来我这么棒！而且我还可以变得更棒！

给父母的话：复盘不是为了秋后算账，发泄自己的情绪，而是以赞扬为主的接纳，并在这个过程中引导孩子产生思考和总结。养成每天复盘的习惯，孩子可以迅速成长。复盘的节奏可以根据自己和孩子的情况决定，或是每天，或是每周，又或是每个月。在带领孩子复盘的同时，别忘了让自己也试着养成复盘的习惯。

睡前复盘清单

日期		事情	感受
今日最开心的事			□喜悦 □兴奋 □激动 □感动
今日不开心的事			□委屈 □害怕 □伤心 □失落 □生气 □沮丧
做得特别棒的事			□自信 □希望 □勇敢 □自豪
可以做得更好的事			□遗憾 □懊恼 □自责 □后悔
不知道该怎么动的事			□纠结 □犹豫 □茫然 □困惑

零花钱计划

　　老师说美术课需要买一套水彩颜料，可是这周的零花钱已经用完了。因为同学轩轩的奥特曼卡片是隐藏版，还有月月的橡皮居然是水果味，实在没忍住就一起买了回来。你也会遇到类似情况吗？或许我们需要好好聊聊金钱观了。零花钱是爸爸妈妈辛苦工作得来的，可不是理应给我们的。但作为生活必不可少的一部分，我们应该掌握驾驭它的能力，那就从最简单的记账开始吧。清楚地记录哪一天领到的零花钱是多少，每一笔支出分别是什么，固定的周期做一次对账和复盘，看一看哪些是"必要"开销，哪一些只是"想要"。久而久之，相信你的小金库会越来越充盈。

　　给父母的话：帮助孩子尽早树立正确的金钱观十分重要。只要孩子开始会算术且购买需求出现后，就可以开始给他零花钱了。零花钱必须做到有规律地给，不能想起来了就给很多，忘了就没有。让孩子自己管理不用干涉，只要定期陪他一起复盘，从检查余额和账单能不能对上开始。当孩子能力渐渐提高后，可以再加入收益、储蓄、消费的概念。

零用钱周账单

收入明细	类别	金额	来源	日 期
	固定零用度			
	额外收入			
	上周余额			
合计				

支出明细	物 品	金额	用 途	日 期
合计				
相余额				

复盘	必要支出	
	可要可不要	
	根本需要	

改变，从整理开始

　　整理让我走进过同一个小区同一个户型的家。若非亲眼所见，我也不能真实感悟到人对家的关键意义。不同的生活习惯让家呈现了截然不同的状态。所以请从现在开始，带着孩子一起学习并且完成亲子整理吧。

　　通过亲子整理，孩子可以获得更多的空间和整洁的环境；物品变得清晰有序，用时随手可得，提高生活和学习效率。而对家长来说，整理好孩子的物品，避免了因找不到而造成的重复购买；掌握亲子整理术，大大减少了时间的花费和精力的付出。从负能量中解脱出来，心情愉悦，家庭关系也将更为和谐。

　　除此以外，整理更培养了孩子在成长中所需的诸多能力和品质：

　　物品的选择，锻炼了孩子的决断力。人的一生中会面临很多选择，小到一件物品，大到未来的职业。通过对物品的选择练习，让孩子更加了解自己，学会思考，处理事务更加果断。

　　物品的分类，锻炼了孩子的逻辑能力。让孩子学会细致地观察，能够迅速在诸多事物中找到内在关联及规律，帮助孩子理解和掌握新的知识，做事更有条理性。

物品的定位，让孩子学会了统筹规划。何物放置于何处，需要有严密的思维和整体大局观。能够分清事情的轻重缓急，这也是管理者的必备能力之一。

物品的收纳，让孩子增强了责任感。如何管理自己的物品，决定了自己将在怎样的环境中生活，学会对自己负责；顾及物品的摆放是否给他人带来负担，学会对他人负责。

更为重要的是，我们在整理有形的物品时，也在处理着无形的关系。常说"一屋不扫何以扫天下"，一个能够管理好自己物品的孩子，背后是秩序感和掌控力的体现，而这些能力将帮助他管理好时间，管理好情绪，管理好自己的人生。

亲子整理更是一种高质量的陪伴方式。在整理过程中，我们可以真正了解孩子的喜好，学会尊重孩子的想法，用爱填满孩子的内心，亲子关系更加密切，让孩子成为内心富足充满幸福感的人。

好的整理习惯，更是一种家风。它背后体现了一个家庭的气质和精神力量。我们应该从自身做起，给孩子树立榜样，并且将这种家风一代代传承下去。